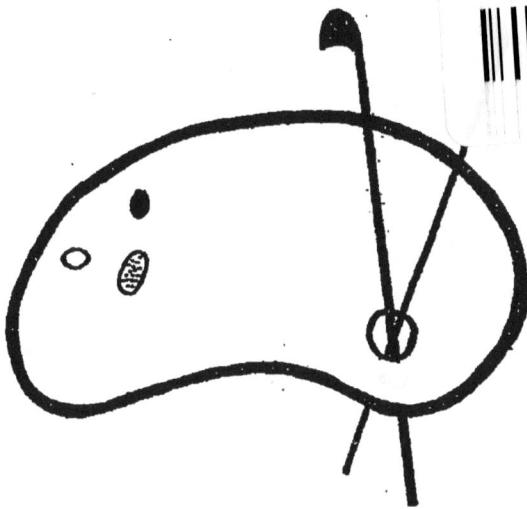

COUVERTURE SUPERIEURE ET INFERIEURE
EN COULEUR

Buffon

H^re Du Cheval

HISTOIRE DU CHEVAL

—

In-12 — 2e Série.

Cheval en liberté

HISTOIRE

DU CHEVAL

PAR

BUFFON

Précédée de la biographie de l'Auteur,

LIMOGES

MARC BARBOU ET Cie, IMP.-LIBRAIRES

Rue Puy-Vieille-Monnaie

NOTICE SUR BUFFON

Georges-Louis Leclerc, comte de Buffon, célèbre naturaliste et grand écrivain du XVIIIᵉ siècle, naquit à Montbard, le 7 septembre 1707, de Benjamin Leclerc, conseiller au parlement de Bourgogne, et de dame Emmeline, femme de beaucoup d'esprit et de mérite. Buffon débuta dans la carrière des lettres par la traduction de deux ouvrages célèbres : la «Statistique des végétaux», de Hales, et «le Traité des fluxions», de Newton. Nommé membre de l'Académie des sciences en 1739, il s'adonna à la physique et à l'économie rurale. Ses recherches le conduisirent à la création d'un miroir dans le gen-

re de celui d'Archimède. Sa no-
mination à la place d'intendant
du Jardin du roi donna une direction fixe à ses idées. Se sen-
tant la force de tête propre à
réunir aux travaux des anciens
l'exactitude et le détail des observations modernes, mais
manquant cependant de la pa-
tience et des organes physi-
ques indispensables à l'étude
et à la description d'objets
nombreux et minutieux, il s'at-
tacha un de ses compatriotes,
le célèbre Daubenton. Après
dix ans d'un travail opiniâtre,
ils firent paraître les trois
premiers volumes de « l'Histoire naturelle ». Les quinze
premiers volumes qui traitent de la théorie de la terre,
de la nature des animaux, de
l'histoire de l'homme et de
celle des animaux vivipares,
parurent de 1747 à 1767. Les

neuf volumes suivants, publiés
de 1770 à 1787 , contiennent
«l'histoire des oiseaux». A partir de ce moment, Daubenton
cessa d'être le collaborateur de
Buffon; il s'associa alors Gué-
neau-Montbeillard et l'abbé Be-
xen. Il a publié seul les cinq
volumes des « Minéraux », de
1783 à 1788. Le cinquième vo-
lume des Suppléments paru en
1788, intitulé « Epoques de la
Nature », est tout à la fois un
ouvrage à part et le plus célèbre de tous ceux de Buffon.

Il fut comblé de bienfaits par
le gouvernement. La terre de
Buffon fut érigée en comté par
Louis XV ; une statue lui fut
élevée de son vivant, à l'entrée
du Museum d'histoire naturelle,
avec cette inscription : « Majes-
tati naturæ par ingenium». Aucune critique sérieuse ne vint
le troubler dans sa renommée.

Buffon s'est placé, par son «Histoire naturelle », au premier rang des écrivains aussi bien que des savants. On s'accorde universellement à regarder ses écrits comme le plus beau modèle de la noblesse et de l'harmonie du style ; on reconnaît aussi qu'il a créé avec une admirable fidélité les mœurs et les traits caractéristiques des animaux ; qu'il a fait faire à l'histoire naturelle des progrès soit par la nouveauté des vues, soit par la multitude de ses recherches ; et qu'il a rendu d'immenses services en rassemblant une foule de matériaux épars et en propageant en France le goût pour l'étude de la nature.

Buffon mourut à la veille de la révolution, le 16 avril 1788; il était âgé de quatre-vingt-un ans.

HISTOIRE

DU CHEVAL

La plus noble conquête que l'homme ait
jamais faite est celle de ce fier et fougeux
animal, qui partage avec lui les fatigues
de la guerre et la gloire des combats ;
aussi intrépide que son maître, le cheval
voit le péril et l'affronte ; il se fait au bruit
des armes, il l'aime, il le cherche et s'anime de la même ardeur : il partage aussi ᴀ
ses plaisirs ; à la chasse, aux tournois, à

1..

la course, il brille, il étincelle. Mais docile autant que courageux, il ne se laisse point emporter à son feu ; il sait réprimer ses mouvements : non seulement il fléchit sous la main de celui qui le guide, mais il semble consulter ses désirs, et, obéissant toujours aux impressions qu'il en reçoit, il se précipite, se modère ou s'arrête : c'est une créature qui renonce à son être pour n'exister que par la volonté d'un autre, qui sait même la prévenir ; qui par la promptitude et la précision de ses mouvements, l'exprime et l'exécute ; qui sent autant qu'on le désire, et se rend autant qu'on veut ; qui, se livrant sans réserve, ne se refuse à rien, sert de toutes ses forces, s'excède, et même meurt pour obéir.

Voilà le cheval dont les talents sont développés, dont l'art a perfectionné les qualités naturelles, qui dès le premier âge a été

soigné et ensuite exercé, dressé au service
de l'homme: c'est par la perte de sa liberté que commence son éducation, et c'est
par la contrainte qu'elle s'achève. L'esclavage ou la domesticité de ces animaux
est même si universelle, si ancienne, que
nous ne les voyons que rarement dans
leur état naturel : ils sont toujours couverts
de harnais dans leurs travaux ; on ne les
délivre jamais de tous leurs liens, même
dans les temps du repos ; et si on les laisse
quelquefois errer en liberté dans les pâtu
rages, ils y portent toujours les marques
de la servitude, et souvent les empreintes
cruelles du travail et de la douleur; la
bouche est déformée par les plis que le
mors a produits ; les flancs sont entamés
par des plaies, ou sillonnés de cicatrices
faites par l'éperon ; la corne des pieds est
traversée par des clous. L'attitude du corps

est encore gênée par l'impression subsistante des entraves habituelles; on les en délivrerait en vain, ils n'en seraient pas plus libres, ceux même dont l'esclavage est le plus doux, qu'on ne nourrit, qu'on n'entretient que pour le luxe et la magnificence, et dont les chaînes dorées servent moins à leur parure qu'à la vanité de leur maître, sont encore plus déshonorés par l'élégance de leur toupet, par les tresses de leurs crins, par l'or et la soie dont on les couvre, que par les fers qui sont sous leurs pieds.

La nature est plus belle que l'art; et, dans un être animé, la liberté des mouvements fait la belle nature. Voyez ces chevaux qui se sont multipliés dans les contrées de l'Amérique espagnole, et qui vivent en chevaux libres: leur démarche, leur course, leurs sauts ne sont ni gênés,

ni mesurés : fiers de leur indépendance,
ils fuient la présence de l'homme, ils dédaignent ses soins ; ils cherchent et trouvent
eux-mêmes la nourriture qui leur convient ; ils errent, ils bondissent en liberté
dans les prairies immenses, où ils cueil-
lent les productions nouvelles d'un printemps toujours nouveau ; sans habitation
fixe, sans autre abri que celui d'un ciel
serein, ils respirent un air plus pur que
celui de ces palais voûtés où nous les ren-
fermons, en pressant les espaces qu'ils
doivent occuper : aussi ces chevaux sauva
ges sont-ils beaucoup plus forts, plus
légers, plus nerveux que la plupart des
chevaux domestiques ; ils ont ce que donne
la nature, la force et la noblesse ; les autres
n'ont que ce que l'art peut donner, l'adresse
et l'agrément.

Le naturel de ces animaux n'est point

féroce, ils sont seulement fiers et sauvages.
Quoique supérieurs par la force à la plupart des autres animaux, jamais ils ne les
attaquent ; et s'ils en sont attaqués, il les
dédaignent, les écartent, ou les écrasent.
Ils vont aussi par troupes, et se réunissent
pour le seul plaisir d'être ensemble ; car
ils n'ont aucune crainte, mais ils prennent
de l'attachement les uns pour les autres.
Comme l'herbe et les végétaux suffisent à
leur nourriture, qu'ils ont abondamment
de quoi satisfaire leur appétit, et qu'ils
n'ont aucun goût pour la chair des animaux, ils ne leur font point la guerre, ils
ne se la font point entre eux, ils ne se dis-
putent pas leur subsistance ; ils n'ont jamais
occasion de ravir une proie ou de s'arra-
cher un bien, sources ordinaires de que-
relles et de combats parmi les animaux
carnassiers : ils vivent donc en paix, parce

que leurs appétits sont simples et modérés, et qu'ils ont assez pour ne rien envier.

Tout cela peut se remarquer dans les jeunes chevaux qu'on élève ensemble et qu'on mène en troupeaux ; ils ont les mœurs douces et les qualités sociales : leur force et leur ardeur ne se marquent ordinairement que par des signes d'émulation ; ils cherchent à se devancer à la course, à se faire et même s'animer au péril en se défiant à traverser une rivière, sauter un fossé ; et ceux qui dans ces exercices naturels donnent l'exemple, ceux qui d'eux-mêmes vont les premiers, sont les plus généreux, les meilleurs et souvent les plus dociles et les plus souples, lorsqu'ils sont une fois domptés.

Quelques anciens auteurs parlent des chevaux sauvages, et citent même les lieux où ils se trouvaient. Hérodote dit que, sur les bords de l'Hypanis en Scythe, il y avait des chevaux sauvages qui étaient blancs, et que dans la partie septentrionale de la Thrace au delà du Danube, il y en avait d'autres qui avaient le poil long de cinq doigts par tout le corps. Aristote cite la Syrie, Pline le pays du Nord, Strabon les Alpes et l'Espagne, comme des lieux où on trouve des chevaux sauvages. Parmi les modernes, Cardan dit la même chose de l'Ecosse et des Orcades, Olaüs de la Moscovie, Dapper de l'île de Chypre, où il y avait, dit-il, des chevaux sauvages qui étaient beaux, et qui avaient de la force et de la vitesse ; Struys de l'île de May au cap Vert, où il y avait des chevaux sauvages fort petits. Léon l'Africain rapporte aussi qu'il y avait des chevaux sauvages dans les déserts de l'Afrique et de l'Arabie, et il assure qu'il a vu lui-même, dans les solitudes de Numidie, un poulain dont le poil était blanc et la crinière crépue. Marmol confirme ce fait, en disant qu'il y en a quelques-uns dans les déserts de l'Arabie et de la Libye, qu'ils ont la crinière et les crins fort courts et hérissés, et que ni les chiens ni les chevaux domestiques ne peuvent les atteindre à la course. On trouve aussi, dans les *Lettres édifiantes*. qu'à la Chine, il y a des chevaux sauvages fort petits.

Comme toutes les parties de l'Europe sont aujourd'hui peuplées et presque également habitées, on n'y trouve plus de chevaux sauvages, et ceux que l'on voit en Amérique sont des chevaux domestiques et européens d'origine, que les Espagnols y ont transportés et qui se sont multipliés dans les vastes déserts de ces contrées inhabitées ou dépeuplées ; car cette espèce

d'animaux manquait au nouveau monde.
L'étonnement et la frayeur que marquè-
rent les habitants du Mexique et du Pérou
à l'aspect des chevaux et des cavaliers,
firent assez voir aux Espagnols que ces
animaux étaient absolument inconnus
dans ces climats; ils en transportèrent
donc un grand nombre, tant pour leur service et leur utilité particulière que pour
en propager l'espèce ; ils en lâchèrent dans
plusieurs îles, et même dans le continent,
où ils se sont multipliés comme les autres
animaux sauvages. M. de la Salle en a vu
en 1685 dans l'Amérique septentrionale,
près de la baie Saint-Louis ; ces chevaux
paissaient dans les prairies, et ils étaient
si farouches, qu'on ne pouvait les approcher. L'auteur de l'*Histoire des aventuriers
flibustiers* dit « qu'on voit quelquefois
» dans l'île Saint-Domingue des troupes

» de plus de cinq cents chevaux qui cou-
» rent tous ensemble, et que, lorsqu'ils
» aperçoivent un homme, ils s'arrêtent
» tous ; que l'un d'eux s'approche à une
» certaine distance, souffle des naseaux,
» prend la fuite, et que tous les autres le
» suivent. » Il ajoute qu'il ne sait si ces
chevaux ont dégénéré en devenant sauvages, mais qu'il ne les a pas trouvés aussi
beaux que ceux d'Espagne, quoiqu'ils
soient de cette race. « Ils ont, dit-il, la
» tête fort grosse, aussi bien que les jam-
» bes, qui de plus sont raboteuses ; ils ont
» aussi les oreilles et le cou longs : les
» habitants du pays les apprivoisent aisé-
» ment, et les font ensuite travailler ; les
» chasseurs leur font porter leurs cuirs.
» On se sert pour les prendre de lacs de
» corde, qu'on tend dans les endroits
» qu'ils fréquentent ; ils s'y engagent aisé-

» ment, et s'ils se prennent par le cou, ils
» s'étranglent eux-mêmes, à moins qu'on
» n'arrive assez tôt pour les secourir ; on
» les arrête par le corps et les jambes, et
» on les attache à des arbres, où on les
» laisse pendant deux jours sans boire ni
» manger : cette épreuve suffit pour com-
» mencer à les rendre dociles, et avec le
» temps ils le deviennent autant que s'ils
» n'eussent jamais été farouches ; et même
» si par quelque hasard ils se trouvent
» en liberté, ils ne deviennent pas sauva-
» ges une seconde fois, ils reconnaissent
» leurs maîtres, et se laissent approcher
» et reprendre aisément. »

Cela prouve que ces animaux sont
naturellement doux, et très disposés
à se familiariser avec l'homme et à s'attacher à lui : aussi n'arrive-t-il jamais
qu'aucun d'eux quitte nos maisons pour

se retirer dans les forêts, ou dans les
déserts ; ils marquent au contraire beaucoup d'empressement pour revenir au gîte,
où cependant ils ne trouvent qu'une nourriture grossière, et toujours la même, et
ordinairement mesurée sur l'économie
beaucoup plus que sur leur appétit ; mais
la douceur de l'habitude leur tient lieu de
ce qu'ils perdent : d'ailleurs, après avoir été
excédés de fatigue, le lieu du repos est
un lieu de délices ; ils le sentent de loin,
ils savent le reconnaître au milieu des
grandes villes, et semblent préférer en
tout l'esclavage à la liberté : ils se font
même une seconde nature des habitudes
auxquelles on les a forcés ou soumis, puisqu'on à vu des chevaux, abandonnés dans
les bois, hennir continuellement pour se
faire entendre, accourir à la voix des hommes, et en même temps maigrir et dépé-

rir en peu de temps, quoiqu'ils eussent abondamment de quoi varier leur nourriture.

Leurs mœurs viennent donc presque en entier de leur éducation, et cette éducation suppose des soins et des peines que l'homme ne prend pour aucun autre animal, mais dont il est dédommagé par les services continuels que lui rend celui-ci. Dès le temps du premier âge on a soin de séparer les poulains de leur mère : on les laisse téter pendant cinq, six ou tout au plus sept mois ; car l'expérience a fait voir que ceux qu'on laisse téter dix ou onze mois ne valent pas ceux qu'on sèvre plus tôt ; quoiqu'ils prennent plus de chair et de corps après ces six ou sept mois de lait, on les sèvre pour leur faire prendre une nourriture plus solide que le lait ; on leur donne du

son deux fois par jour, et un peu de foin,
dont on augmente la quantité à mesure
qu'ils avancent en âge, et on les garde
dans l'écurie tant qu'ils marquent de l'inquiétude pour retourner à leur mère ;
mais lorsque cette inquiétude est passée,
on les laisse sortir par le beau temps, et on
les conduit aux pâturages ; seulement il
faut prendre garde de les laisser paître à
jeun ; il faut leur donner le son et les faire
boire une heure avant de les mettre à
l'herbe, et ne jamais les exposer au grand
froid ni à la pluie, Ils passent de cette
façon le premier hiver: au mois de mai
suivant, non seulement on leur permettra
de pâturer tous les jours, mais on les laissera coucher à l'air dans les pâturages
pendant tout l'été et jusqu'à la fin d'octo-
bre, en observant seulement de ne leur
pas laisser paître les regains ; s'ils s'accou-

tumaient à cette herbe trop fine, ils se
dégoûteraient du foin, qui doit cependant
faire leur principale nourriture pendant
le second hiver, avec du son mêlé d'orge
ou d'avoine moulus; on les conduit de
cette façon en les laissant pâturer le jour
pendant l'été, jusqu'à l'âge de quatre ans,
qu'on les retire du pâturage pour les nourrir à l'herbe sèche. Ce changement de
nourriture demande quelques précautions:
on ne leur donnera pendant les premiers
huit jours que de la paille, et on fera bien
de leur faire prendre quelques breuvages
contre les vers, que les mauvaises diges-
tions d'une herbe trop crue peuvent avoir
produits. M. de Garsault, qui recommande
cette pratique, est sans doute fondé sur
l'expérience; cependant on verra qu'à tout
âge et dans tout les temps l'estomac de
tous les chevaux est farci d'une si prodi-

gieusequantité de vers, qu'ils semblent faire
partie de leur constitution : nous les avons
trouvés dans les chevaux sains comme dans
les chevaux malades, dans ceux qui ne
mangeaient que de l'avoine et du foin ; et
les ânes, qui de tous les animaux sont ceux
qui approchent le plus de la nature du
cheval, ont aussi cette prodigieuse quantité de vers dans l'estomac, et n'en sont
pas plus incommodés : ainsi on ne doit
pas regarder les vers, du moins ceux dont
nous parlons, comme une maladie acci-
dentelle, causée par les mauvaises diges-
tions d'une herbe crue, mais plutôt comme
un effet dépendant de la nourriture et de
la digestion ordinaire de ces animaux.

Il faut avoir attention, lorsqu'on sèvre
les jeunes poulains, de les mettre dans
une écurie propre, crainte de les rendre
trop délicats et trop sensibles aux impres-

sions de l'air ; on leur donnera souvent de
la litière fraîche ; on les tiendra propres
en les bouchonnant de temps en temps :
mais il ne faudra les panser à la main
qu'à l'âge de deux ans et demi ou trois
ans : ce frottement trop rude leur causerait
de la douleur ; leur peau est encore trop
délicate pour le souffrir, et ils dépériraient
au lieu de profiter. Il faut aussi avoir soin
que le râtelier et la mangeoire ne soient
pas trop élevés : la nécessité de lever la
tête trop haut pour prendre leur nourriture pourrait leur donner l'habitude de la
porter de cette façon, ce qui leur gâterait
l'encolure. Lorsqu'ils auront un an ou dix-
huit mois, on leur tondra la queue , les
crins repousseront, et deviendront plus
forts et plus touffus. Dès l'âge de deux
ans il faut séparer les poulains, mettre les
mâles avec les chevaux et les femelles
avec les juments.

A l'âge de trois ans ou trois ans et demi,
on doit commencer à les dresser et à les
rendre dociles : on leur mettra d'abord
une légère selle et aisée, et on les laissera
sellés pendant deux ou trois heures chaque jour ; on les accoutumera de même à
recevoir un bridon dans la bouche, et à
se laisser lever les pieds, sur lesquels on
frappera quelques coups comme pour les
ferrer ; et si ce sont des chevaux destinés
au carrosse et au trait, on leur mettra un
harnais sur le corps et un bridon : dans
les commencements il ne faut point de
bride, ni pour les uns ni pour les autres :
on les fera trotter ensuite à la longe avec
un caveçon sur le nez, sur un terrain uni,
sans être montés, et seulement avec la
selle ou le harnais sur le corps ; et lorsque
le cheval de selle tournera facilement, et
viendra volontiers auprès de celui qui

tient la longe, on le montera et descendra
dans la même place et sans le faire marcher, jusqu'à ce qu'il ait quatre ans, parce
qu'avant cet âge il n'est pas encore assez
fort pour n'être pas, en marchant, sur-
chargé du poids du cavalier ; mais à quatre ans on le montera pour le faire marcher au pas ou au trot, et toujours à petites
reprises. Quand le cheval de carrosse sera
accoutumé au harnais, on l'attellera avec
un autre cheval fait, en lui mettant une
bride, et on le conduira avec une longe
passée dans la bride, jusqu'à ce qu'il commence à être sage au trait ; alors le cocher
essaiera de le faire reculer, ayant pour aide
un homme devant, qui le poussera en arrière
avec douceur, et même lui donnera de
petits coups pour l'obliger à reculer. Tout
cela doit se faire avant que les jeunes chevaux aient changé de nourriture ; car

quand une fois ils sont ce qu'on appelle engrainés, c'est-à-dire lorsqu'ils sont au grain et à la paille, comme ils sont plus vigoureux, ou a remarqué qu'ils étaient moins dociles, et plus difficiles à dresser.

Le mors et l'éperon sont deux moyens qu'on a imaginés pour les obliger à recevoir le commandement, le mors pour la précision, et l'éperon pour la promptitude des mouvements. La bouche ne paraissait pas destinée par la nature à recevoir d'autres impressions que celles du goût et de l'appétit, cependant elle est d'une si grande sensibilité dans le cheval, que c'est à la bouche, par préférence à l'œil et à l'oreille, qu'on s'adresse pour transmettre au cheval les signes de la volonté ; le moindre mouvement ou la plus petite pression du mors suffit pour avertir et déterminer l'animal ; et cet organe de sentiment

2.

n'a d'autre défaut que celui de sa perfec-
tion même ; sa trop grande sensibilité
veut être ménagée ; car si on en abuse,
on gâte la bouche du cheval, en la ren-
dant insensible à l'impression du mors.
Les sens de la vue et de l'ouïe ne seraient
pas sujets à une telle altération et ne
pourraient être émoussés de cette façon ;
mais apparemment on a trouvé des incon-
vénients à commander aux chevaux par
les organes, et il est vrai que les signes
transmis par le toucher font beaucoup
plus d'effet sur les animaux en général,
que ceux qui leur sont transmis par l'œil
ou par l'oreille. D'ailleurs, la situation
des chevaux par rapport à celui qui les
monte ou qui les conduit rend les yeux
presque inutiles à cet effet, puisqu'ils ne
voient que devant eux, et que ce n'est
qu'en tournant la tête qu'ils pourraient

apercevoir les signes qu'on leur ferait ; et quoique l'oreille soit un sens par lequel on les anime et on les conduit souvent, il paraît qu'on a restreint et laissé aux chevaux grossiers l'usage de cet organè, puisqu'au manège, qui est le lieu de la plus parfaite éducation, l'on ne parle presque point aux chevaux, et qu'il ne faut pas même qu'il paraisse qu'on les conduise. En effet, lorsqu'ils sont bien dressés, la moindre pression des cuisses, le plus léger mouvement du mors suffit pour les diriger ; l'éperon est même inutile ; ou du moins on ne s'en sert que pour le forcer à faire des mouvements violents ; et lorsque, par l'ineptie du cavalier, il arrive qu'en donnant de l'éperon il retient la qride, le cheval, se trouvant excité d'un côté et retenu de l'autre, ne peut que se cabrer en faisant un bond sans sortir de sa place

On donne à la tête du cheval, par le moyen de la bride, un air avantageux et relevé : on la place comme elle doit être, et le plus petit signe ou le plus petit mouvement du cavalier suffit pour faire prendre au cheval ses différentes allures. La plus naturelle est peut-être le trot ; mais le pas, et même le galop, sont plus doux pour le cavalier, et ce sont aussi les deux allures qu'on s'applique le plus à perfectionner. Lorsque le cheval lève la jambe de devant pour marcher, il faut que ce mouvement soit fait avec hardiesse et que le genou soit assez plié : la jambe levée doit paraître soutenue un instant, et lorsqu'elle retombe, le pied doit être ferme et appuyer également sur la terre, sans que la tête du cheval reçoive aucune impression de ce mouvement : car lorsque la tête baisse en même temps, c'est ordinairement

pour soulager promptement l'autre jambe,
qui n'est pas assez forte pour supporter
seule tout le poids du corps. Ce défaut est
très grand, aussi bien que celui de porter
le pied en dehors ou en dedans ; car il
retombe dans cette même direction. L'on
doit observer aussi que lorsqu'il appuie
le talon, c'est une marque de faiblesse et
que quand il pose sur la pince, c'est une
attitude fatigante et forcée que le cheval
ne peut soutenir longtemps.

Le pas, qui est la plus lente de toutes les
allures, doit cependant être prompt : il
faut qu'il ne soit ni trop allongé ni trop
raccourci, et que la démarche du cheval
soit légère : cette légèreté dépend beaucoup
de la liberté des épaules, et se reconnaît
à la manière dont il porte la tête en marchant : s'il la tient haute et ferme, il est
ordinairement vigoureux et léger ; lorsque

le mouvement des épaules n'est pas assez libre, la jambe ne se lève point assez, et le cheval est sujet à faire des faux pas, et à heurter du pied contre les inégalités du terrain ; et lorsque les épaules sont encore plus serrées, et que le mouvement des jambes en paraît indépendant, le cheval se fatigue, fait des chutes, et n'est capable d'aucun service. Le cheval doit être sur la hanche, c'est-à-dire hausser les épaules et baisser la hanche en marchant; il doit aussi soutenir sa jambe et la lever assez haut ; mais s'il la soutient trop longtemps, s'il la laisse retomber trop lentement, il perd tout l'avantage de la légèreté, il devient dur, et n'est bon que pour l'appareil et pour piaffer.

Il ne suffit pas que les mouvements du cheval soient légers, il faut encore qu'ils soient égaux et uniformes dans le train du

devant et dans celui du derrière ; car si
la croupe balance tandis que les épaules
se soutiennent, le mouvement se fait sen-
tir au cavalier par secousses et lui devient
incommode : la même chose arrive lorsque
le cheval allonge trop la jambe de derrière,
et qu'il la pose au delà de l'endroit où le
pied de devant a porté. Les chevaux dont
le corps est court sont sujets à ces défauts,
ceux dont les jambes se croisent ou s'attei-
gnent n'ont pas la démarche sûre ; et en
général ceux dont le corps est long son
les plus commodes pour le cavalier, parce
qu'il se trouve plus éloigné des deux cen-
tres de mouvement, les épaules et les
hanches, et qu'il en ressent moins les
impressions et les secousses.

Les quadrupèdes marchent ordinairement en portant à la fois en avant une
jambe de devant et une jambe de der-

rière : lorsque la jambe droite de devant
part, la jambe gauche de derrière suit et
avance en même temps ; et ce pas étant
fait, la jambe gauche de devant part à
son tour conjointement avec la jambe
droite de derrière, et ainsi de suite : comme
leur corps porte sur quatre points d'appui
qui forment un carré long, la manière la
plus commode de se mouvoir est d'en
changer deux à la fois en diagonale, de
façon que le centre de gravité du corps
de l'animal ne fasse qu'un petit mouvement et reste toujours à peu près dans la
direction des deux points d'appui qui ne
sont pas en mouvement dans les trois allures naturelles du cheval, le pas, le trot et
le galop. Cette règle de mouvement s'ob-
serve toujours, mais avec des différences.
Dans le pas, il y a quatre temps dans le
mouvement : si la jambe droite de devant

part la première, la jambe gauche de derrière suit un instant après ; ensuite la jambe gauche de devant part à son tour pour être suivie un instant après de la jambe droite de derrière : ainsi le pied droit de devant pose à terre le premier, le pied gauche de derrière le second, le pied gauche de devant pose à terre le troisième et le pied droit de derrière pose à terre le dernier ; ce qui fait un mouvement à quatre temps et trois intervalles, dont le premier et le dernier sont plus courts que celui du milieu. Dans le trot, il n'y a que deux temps dans le mouvement : si la jambe droite de devant part, la jambe gauche de derrière part aussi en même temps, et sans qu'il y ait aucun intervalle entre le mouvement de l'une et le mouvement de l'autre ; ensuite la jambe gauche de devant part avec la droite de

derrière aussi en même temps, de sorte
qu'il n'y a dans ce mouvement du trot que
deux temps en un intervalle : le pied droit
de devant et le pied gauche de derrière
posent à terre en même temps, et ensuite
le pied gauche de devant et le droit de
derrière posent aussi à terre en même
temps. Dans le galop, il y a ordinairement
trois temps ; mais comme dans ce mouvement. qui est une espèce de saut, les parties antérieures du cheval ne se
meuvent pas d'abord d'elles-mêmes, et
qu'elles sont chassées par la force des hanches et des parties postérieures, si des deux
jambes de devant la droite doit avancer
plus que la gauche, il faut auparavant
que le pied gauche de derrière pose à
terre pour servir de point d'appui à ce
mouvement d'élancement : ainsi c'est le
pied gauche de derrière qui fait le premier

temps du mouvement et qui pose à terre
le premier, ensuite la jambe droite de derrière se lève conjointement avec la gauche
de devant, et elles retombent à terre en
même temps ; et enfin la jambe droite de
devant qui s'est levée un instant après la
gauche de devant et la droite de derrière,
se pose à terre la dernière, ce qui fait le
troisième temps. Ainsi dans ce mouvement
de galop, il y a trois temps et deux intervalles, et dans le premier de ces intervalles lorsque le mouvement se fait avec
vitesse, il y a un instant où les quatre
jambes sont en l'air en même temps, et
où l'on voit les quatre fers du cheval à la
fois. Lorsque le cheval a les hanches et les
jarrets souples, et qu'il les remue avec vitesse et agilité, ce mouvement du galop est
plus parfait, et la cadence s'en fait à quatre
temps ; il pose d'abord le pied gauche de

derrière, qui marque le premier temps ;
ensuite le pied droit de derrière retombe
le premier, et marque le second temps ; le
pied gauche de devant, tombant un instant après, marque le troisième temps ; et
enfin le pied droit de devant, qui retombe le
dernier, marque le quatrième temps.

On a remarqué que les haras établis
dans des terrains secs et légers produi-
saient des chevaux sobres, légers et vigoureux, avec la jambe nerveuse et la corne
dure, tandis que dans les lieux humides
et les pâturages les plus gras ils ont presque tous la tête grosse et pesante, le corps
épais, les jambes chargées, la corne mauvaise et les pieds plats. Ces différences
viennent de celles du climat et de la nourriture ; ce qui peut s'entendre aisément :
mais ce qui est plus difficile à compren-
dre, et qui est encore plus essentiel que

tout ce que nous venons de dire, c'est la
nécessité où l'on est de toujours croiser
les races si l'on veut les empêcher de dé-
générer.

Il y a dans la nature un prototype général dans chaque espèce, sur lequel chaque
individu est modelé, mais qui semble, en
se réalisant, s'altérer ou se perfectionner
par les circonstances; en sorte que, rela-
tivement à de certaines qualités, il y a
une variation bizarre en apparence dans
la succession des individus et en même
temps une constance qui paraît admirable dans l'espèce entière. Le premier
animal, le premier cheval, par exemple,
a été le modèle extérieur et le moule inté-
rieur sur lequel tous les chevaux qui
sont nés, tous ceux qui existent, et tous
ceux qui naîtront, ont été formés; mais
ce modèle, dont nous ne connaissons que

les copies, a pu s'altérer ou se perfectionner en communiquant sa forme et se
multipliant : l'empreinte originaire sub-
siste en son entier dans chaque individu ;
mais quoique il y en ait des millions,
aucun de ces individus n'est cependant
semblable en tout à un autre individu, ni
par conséquent au modèle dont il porte
l'empreinte. Cette différence, qui prouve
combien la nature est éloignée de rien
faire d'absolu, et combien elle sait nuan-
cer ses ouvrages, se trouve dans l'espèce
humaine, dans celle de tous les animaux,
de tous les végétaux, de tous les êtres en
un mot qui se reproduisent ; et ce qu'il
y a de singulier, c'est qu'il semble que le
modèle du beau et du bon soit dispersé
par toute la terre, et que dans chaque
climat il n'en réside qu'une portion qui
dégénère toujours, à moins qu'on ne la

réunisse avec une autre portion prise au
loin : en sorte que pour avoir un bon
grain, de belles fleurs, etc., il faut en
échanger les graines et ne jamais les
semer dans le même terrain qui les a pro-
duites; et de même pour avoir de beaux
chevaux, de bons chiens, etc., il faut
donner aux femelles du pays des mâles
étrangers, et réciproquement aux mâles
du pays des femelles étrangères ; sans
cela les grains, les fleurs, les animaux
dégénèrent, ou plutôt prennent une si
forte teinture du climat que la matière
domine sur la forme et semble s'abâtar-
dir : l'empreinte reste, mais défigurée
par tous les traits qui ne lui sont pas essentiels. En mêlant au contraire les races,
et surtout en les renouvelant toujours par
des races étrangères, la forme semble se
perfectionner, et la nature se relever, et

donner tout ce qu'elle peut produire de
meilleur.

Ce n'est point ici le lieu de donner des
raisons générales de ces effets, mais nous
pouvons indiquer les conjectures qui se
présentent au premier coup d'œil. On sait
par expérience que des animaux ou des
végétaux transplantés d'un climat loin-
tain souvent dégénèrent et quelquefois se
perfectionnent en peu de temps, c'est-à-
dire en un très petit nombre de générations. Il est aisé de concevoir que ce qui
produit cet effet est la différence du climat et de la nourriture : l'influence de
ces deux causes doit à la longue rendre
ces animaux exempts ou susceptibles de
certaines affections, de certaines maladies ; leur tempérament doit changer peu
à peu ; le développement de la forme, qui
dépend en partie de la nourriture et de la

quantité des humeurs, doit donc changer aussi dans les générations. Ce changement est, à la vérité, presque insensible à la première génération, parce que les deux animaux mâle et femelle, que nous supposons être les souches de cette race, ont pris leur consistance et leur forme avant d'avoir été dépaysés, et que le nouveau climat et la nourriture nouvelle peuvent à la vérité changer leur tempérament, mais ne peuvent pas influer assez sur les parties solides et organiques pour en altérer la forme, surtout si l'accroissement de leur corps était pris en entier ; par conséquent la première génération ne sera point altérée ; la première progéniture de ces animaux ne dégénèrera pas, l'empreinte de la forme sera pure, il n'y aura aucun vice de souche au moment de la naissance ; mais le jeune animal essuiera,

3..

dans un âge tendre et faible, les influences
du climat : elles lui feront plus d'impression qu'elles n'en ont pu faire sur le père
et la mère. Celles de la nourriture seront
aussi bien plus grandes, et pourront agir
sur les parties organiques dans le temps
de l'accroissement, en altérer un peu la
forme originaire, et y produire des germes de défectuosités qui se manifesteront
ensuite d'une manière très sensible dans
la seconde génération, où la progéniture
a non seulement ses propres défauts, c'est-
à-dire ceux qui lui viennent de son
accroissement, mais encore les vices de la
seconde souche, qui ne s'en développeront
qu'avec plus d'avantage; et enfin, à la
troisième génération les vices de la
seconde et de la troisième souche, qui
proviennent de cette influence du climat
et de la nourriture, se trouvant encore

combinés avec ceux de l'influence actuelle
dans l'accroissement, deviendront si sensibles, que les caractères de la première
souche en seront effacés ; ces animaux de
race étrangère n'auront plus rien d'étran-
ger, ils ressembleront en tout à ceux du
pays. Des chevaux d'Espagne ou de Barbarie, dont on conduit ainsi les générations, deviennent en France des chevaux
français, souvent dès la seconde génération, et toujours à la troisième. On est
donc obligé de croiser les races, au lieu
de les conserver. On renouvelle la race à
chaque génération, en faisant venir des
chevaux barbes ou d'Espagne pour les
donner aux juments du pays ; et ce qu'il
y a de singulier, c'est que ce renouvellement de race, qui ne se fait qu'en partie,
et pour ainsi dire à moitié, produit cependant de bien meilleurs effets que si la

renouvellement était entier. Un cheval et
une jument d'Espagne ne produiront pas
ensemble d'aussi beaux chevaux en
France que ceux qui viendront de ce
même cheval d'Espagne avec une jument
du pays ; ce qui se concevra encore aisément, si l'on fait attention à la compensation nécessaire des défauts qui doit se
faire lorsqu'on met ensemble un mâle et
une femelle de différents pays. Chaque
climat, par ses influences et par celles de
la nourriture, donne une certaine conformation qui pèche par quelque excès ou
par quelque défaut : mais dans un climat
chaud il y aura en excès ce qui sera en
défaut dans un climat froid, et réciproquement ; de manière qu'il doit se faire
une compensation du tout lorsqu'on joint
ensemble des animaux de ces climats
opposés : et comme ce qui a le moins de

défauts, et que les formes les plus parfaites
ont seulement celles qui ont le moins de
difformités, le produit de deux animaux,
dont les défauts se compenseraient exac-
temènt, serait la production la plus parfaite de cette espèce : or, ils se compen-
sent d'autant mieux qu'on met ensemble
des animaux de pays plus éloignés, ou
plutôt de climats plus opposés; le com-
posé qui en résulte est d'autant plus parfait, que les excès où les défauts de l'habitude du père sont plus opposés aux
défauts ou aux excès de l'habitude de la
mère.

Dans le climat tempéré de la France,
il faut donc, pour avoir de beaux chevaux,
faire venir des étalons de climats plus
hauds ou plus froids : les chevaux arabes, si l'on peut en avoir, et les barbes,
doivent être préférés, et ensuite les che-

vaux d'Espagne et du royaume de Naples;
et pour les climats froids, ceux de Dane-
marck, et ensuite ceux de Holstein et de
Frise . tous ces chevaux produiront en
France, avec les juments du pays de très
bons chevaux, qui seront d'autant meilleurs et d'autant plus beaux, que la
température du climat sera plus éloignée
de celle du climat de la France ; en sorte
que les arabes feront mieux que les barbes, les barbes mieux que ceux d'Espagne:
et de même les chevaux tirés de Dane-
marck produiront de plus beaux chevaux
que ceux de Frise. Au défaut de ces chevaux de climats beaucoup plus froids ou
plus chauds, il faudra faire venir des
étalons anglais ou allemands, ou même
des provinces méridionales de la France,
dans les provinces septentrionales. On
gagnera toujours à donner aux juments

des chevaux étrangers, et au contraire
on perdra beaucoup à laisser multiplier
ensemble dans un haras des chevaux de
même race ; car ils dégénèrent infailli-
blement et en très peu de temps.

Dans l'espèce humaine, le climat et la
nourriture n'ont pas d'aussi grandes influences que dans les animaux ; et la
raison en est assez simple : l'homme se
défend mieux que l'animal de l'intempérie du climat ; il se loge, il s'habille
convenablement aux saisons ; sa nourriture est aussi beaucoup plus variée, et
par conséquent elle n'influe pas de la
même façon sur tous les individus. Les
défauts ou les excès qui viennent de ces
deux causes, et qui sont si constants et si
sensibles dans les animaux, le sont beaucoup moins dans les hommes. D'ailleurs,
comme il y a eu de fréquentes migrations

de peuples, que des nations se sont mêlées,
et que beaucoup d'hommes voyagent et se
répandent de tous côtés, il n'est pas
étonnant que les races humaines paraissent être moins sujettes au climat, et
qu'il se trouve des hommes forts, bien
faits, et même spirituels, dans tous les
pays. Cependant on peut croire que, par
une expérience dont on a perdu toute
mémoire, les hommes ont autrefois connu
le mal qui résulterait des alliances du
même sang, puisque chez les nations les
moins policées, il a été rarement permis
au frère d'épouser sa sœur. Cet usage qui
est pour nous de droit divin, et qu'on ne
rapporte chez les autres peuples qu'à des
vues politiques, a peut-être été fondé
sur l'observation : la politique ne s'étend
pas d'une manière si générale et si abso-
lue, à moins qu'elle ne tienne au physi-

que. Mais si les hommes ont une fois
connu par expérience que leur race dégé-
nérait toutes les fois qu'ils ont voulu la
conserver sans mélange dans une même
famille, il auront regardé comme une loi
de la nature celle de l'alliance avec des
familles étrangères, et se seront toujours
accordés à ne pas souffrir de mélange
entre leurs enfants. Et en effet, l'analogie
peut faire présumer que dans la plupart
des climats les hommes dégénèreraient
comme les animaux, après un certain
nombre de générations.

Une autre influence du climat et de la
nourriture est la variété des couleurs
dans la robe des animaux : ceux qui sont
sauvages et qui vivent dans le même climat, sont d'une même couleur qui devient
seulement un peu plus claire ou plus
foncée dans les différentes saisons de

l'année ; ceux au contraire qui vivent sous des climats différents sont de couleurs différentes ; et les animaux domestiques, varient prodigieusement par les couleurs en sorte qu'il y a des chevaux, des chiens, etc., de toutes sortes de poils, au lieu que les cerfs, les lièvres, etc., sont tous de la même couleur. Les injures du climat toujours les mêmes, la nourriture toujours la même, produisent dans les animaux sauvages cette uniformité. Les soins de l'homme, la douceur de l'abri, la variété dans la nourriture, effacent et font varier cette couleur dans les animaux domestiques, aussi bien que le mélange des races étrangères lorsqu'on n'a pas soin d'assortir la couleur du mâle avec celle de la femelle; ce qui produit quelquefois de telles singularités, comme on le voit sur les chevaux pies, où le blanc

et le noir sont appliqués d'une manière si
bizarre, et tranchent l'un sur l'autre si
singulièrement, qu'il semble que ce ne
soit pas l'ouvrage de la nature, mais
l'effet du caprice d'un peintre.

Dans l'accouplement des chevaux, on
assortira donc le poil et la taille, on con-
trastera les figures, on croisera les races
en opposant les climats, et on ne joindra
jamais ensemble les chevaux et les
juments nés dans le même haras. Toutes
ces conditions sont essentielles, et il y a
encore quelques autres attentions qu'il ne
faut pas négliger; par exemple, il ne
faut pas dans un haras de juments à
queue courte, parce que, ne pouvant se
défendre des mouches, elles en sont beaucoup plus tourmentées que celles qui ont
tous leurs crins, et l'agitation continuelle
que leur cause la piqûre de ces insectes

fait diminuer la quantité de leur lait ; ce
qui influe beaucoup sur le tempérament
et la taille du poulain, qui, toutes choses
égales d'ailleurs, sera d'autant plus vigoureux que sa mère sera meilleure nour-
rice. Il faut tâcher de n'avoir pour son
haras que des juments qui aient toujours
pâturé, et qui n'aient point fatigué : les
juments qui ont toujours été à l'écurie
nourries au sec, et qu'on met ensuite au
pâturage ne produisent pas d'abord, et il
leur faut du temps pour s'accoutumer à
cette nouvelle nourriture.

Quoique la saison ordinaire de la chaleur des juments soit depuis le commen-
cement d'avril jusqu'à la fin de juin, il
arrive assez souvent que dans un grand
nombre il y en a quelques-unes qui sont
en chaleur avant ce temps : on fera bien
de laisser passer cette chaleur sans les

fairecouvrir, parce'que le poulain naîtrait en hiver, souffrirait de l'intempérie de la saison, et ne pourrait sucer qu'un mauvais lait ; et de même lorsqu'une jument ne vient en chaleur qu'après le mois de juin, on ne devrait pas la laisser couvrir, parce que le poulain, naissant alors en été, n'a pas le temps d'acquérir assez de force pour résister aux injures de l'hiver suivant.

La durée de la vie des chevaux est, comme dans toutes les autres espèces d'animaux, proportionnée à la durée du temps de leur accroissement. L'homme, qui est quatorze ans à croître, peut vivre six ou sept fois autant de temps, c'est-à-dire quatre-vingt-dix ou cent ans. Le cheval, dont l'accroissement se fait en quatre ans, peut vivre six ou sept fois autant, c'est-à-dire vingt-cinq ou trente

ans. Les exemples qui pourraient être
contraires à cette règle sont si rares,
qu'on ne doit pas même les regarder
comme une exception dont on puisse tirer
des conséquences ; et comme les gros chevaux prennent leur entier accroissement
en moins de temps que les chevaux fins,
ils vivent aussi moins de temps, et sont
vieux dès l'âge de quinze ans.

Dans tous les animaux, chaque espèce
est variée suivant les différents climats,
et les résultats généraux de ces variétés
forment et constituent les différentes
races, dont nous ne pouvons saisir que
celles qui sont les plus marquées, c'est-à-
dire celles qui diffèrent sensiblement les
une des autres, en négligeant toutes les
nuances intermédiaires qui sont ici,
comme en tout infinies. Nous en avons
même encore augmenté le nombre et la

confusion en favorisant le mélange de
ces races, et nous avons pour ainsi dire,
brusqué la nature en amenant dans ces
climats des chevaux d'Afrique et d'Asie ;
nous avons rendu méconnaissables les
races primitives de France, en y intro-
duisant des chevaux de tout pays : et il
ne nous reste, pour distinguer les chevaux, que quelques légers caractères,
produit par l'influence actuelle du climat.
Ces caractères seraient bien plus marqués
et les différences seraient bien plus sensibles, si les races de chaque climat s'y fussent conservées sans mélange : les petites
variétés auraient été moins nuancées,
moins nombreuses ; mais il y aurait eu
un certain nombre de grandes variétés
bien caractérisées, que tout le monde
aurait aisément distinguées ; au lieu qu'il
faut de l'habitude, et même une assez

longue expérience, pour connaître les chevaux des différents pays. Nous n'avons sur cela que les lumières que nous avons pu tirer des livres des voyageurs, des plus habiles écuyers, tels que MM. New-castle, de Garsault, de la Guérinière, etc., et de quelques remarques que M. de Pignerollas, écuyer du roi, et chef de l'Académie d'Angers, a eu la bonté de nous communiquer.

Les chevaux arabes sont les plus beaux que l'on connaisse en Europe; ils sont plus grands et plus étoffés que les bar-bes, et tout aussi bien faits : mais comme il en vient rarement en France, les écuyers n'ont pas d'observations détaillées de leurs perfections et de leurs défauts.

Les chevaux barbes sont plus communs : ils ont l'encolure longue, fine, peu char-gée de crins et bien sortie du garrot; la tête

belle, petite, et assez ordinairement moutonnée ; l'oreille belle et bien placée, les
épaules légères et plates, le garrot mince
et bien relevé, les reins courts et droits, le
flanc et les côtes rondes sans trop de ventre, les hanches bien effacées, la croupe le
plus souvent un peu longue, et la queue
placée un peu plus haut, la cuisse bien
formée et rarement plate, les jambes belles, bien faites, et sans poil, le nerf bien
détaché, le pied bien fait, mais souvent le
pâturon long. On en voit de tous poils,
mais plus communément de gris. Les barbes ont un peu de négligence dans leur
allure ; ils ont besoin d'être recherchés, et
on leur trouve beaucoup de vitesse et de
nerf : ils sont fort légers, et très propres à
la course. Ces chevaux paraissent être les
plus propres pour en tirer race: il serait seulement à souhaiter qu'ils fussent de plus

4

grande taille ; les plus grands sont de quatre pieds huit pouces, et il est rare d'en trouver qui aient quatre pieds neuf pouces. Il est confirmé par expérience qu'en France, en Angleterre, etc., ils engendrent des poulains plus grands qu'eux. On prétend que parmi les barbes, ceux du royaume de Maroc sont les meilleurs, ensuite les barbes de montagne ; ceux du reste de la Mauritanie sont au dessous, aussi bien que ceux de Turquie, de Perse et d'Arménie. Tous ces chevaux des pays chauds ont le poil plus ras que les autres. Les chevaux turcs ne sont pas si bien proportionnés que les barbes : ils ont pour l'ordinaire l'encolure effilée, le corps long, les jambes trop menues ; cependant ils sont grands travailleurs et de longue haleine. On n'en sera pas étonné, si on fait attention que dans les pays chauds les os des animaux sont plus

durs que dans les climats froids ; et c'est
par cette raison que, quoiqu'ils aient le
canon plus menu que ceux de ce pays-ci,
ils ont cependant plus de force dans les
jambes.

Les chevaux d'Espagne, qui tiennent le
second rang après les barbes, ont l'encolure longue, épaisse, et beaucoup de crins,
la tête un peu grosse, et quelquefois
moutonnée ; les oreilles longues, mais bien
placées ; les yeux pleins de feu ; l'air noble
et fier, les épaules épaisses, et le poitrail
large, les reins assez souvent un peu bas ;
la côte ronde, et souvent un peu trop de
ventre ; la croupe ordinairement ronde et
large, quoique quelques-uns l'aient un
peu longue ; les jambes belles et sans poil ;
le nerf bien détaché ; le pâturon quelquefois un peu long, comme les barbes ; le
pied un peu allongé, comme celui d'un

mulet, et souvent le talon trop haut. Les chevaux d'Espagne de belle race sont épais, bien étoffés, bas de terre ; ils ont aussi beaucoup de mouvement dans leur démarche, beaucoup de souplesse, de feu et de fierté : leur poil le plus ordinaire est noir ou bai marron, quoiqu'il y en ait quelques-uns de toutes sortes de poil. Ils ont très rarement des jambes blanches et des nez blancs : les Espagnols, qui ont de l'aversion pour ces marques, ne tirent point race des chevaux qui les ont ; ils ne veulent qu'une étoile au front ; ils estiment même le chevaux zains autant que nous les méprisons. L'un et l'autre de ces préjugés, quoique contraires, sont peut-être tout aussi mal fondés puisqu'il se trouve de très bons chevaux avec toutes sortes de marques, et de même d'excellents chevaux qui sont zains. Cette petite diffé-

rence dans la robe d'un cheval ne semble
en aucune façon dépendre de son naturel
ou de sa constitution inférieure, puisqu'elle dépend en effet d'une qualité exté-
rieure et si superficielle, que par une
légère blessure dans la peau on produit
une tâche blanche. Au reste, les chevaux
d'Espagne, zains ou autres, sont tous marqués à la cuisse, hors le montoir, de la
marque du haras d'où ils sont sortis. Ils
ne sont pas communément de grande taille; cependant on en trouve quelques-uns
de quatre pieds neuf ou dix pouces. Ceux
de la haute Andalousie passent pour être
les meilleurs de tous, quoiqu'ils soient
assez sujets à avoir la tête trop longue;
mais on leur fait grâce de ce défaut en
faveur de leurs rares qualités : ils ont du
courage, de l'obéissance, de la grâce, de la
fierté, et plus de souplesse que les barbes :

4.

c'est par tous ces avantages qu'on les préfère à tous les autres chevaux du monde,
pour la guerre, pour la pompe, et pour le
manège.

Les plus beaux chevaux anglais sont,
pour la conformation, assez semblables
aux arabes, dont ils sortent en effet : ils
ont cependant la tête plus grande, mais
bien faite et moutonnée, les oreilles plus
longues, mais bien placées. Par les oreilles seules on pourrait distinguer un cheval
anglais d'un cheval barbe ; mais la grande
différence est dans la taille : les anglais
sont bien étoffés et beaucoup plus grands
on en trouve communément de quatre
pieds dix pouces, et même de cinq pieds de
hauteur. Il y en a de tous poils et de toutes
marques. Ils sont généralement forts, vigoureux, hardis, capables d'une grande
fatigue, excellents pour la chasse et la

course; mais il leur manque la grâce et la souplesse; ils sont durs, et ont peu de liberté dans les épaules.

On parle souvent de courses de chevaux en Angleterre, et il y a des gens extrêmement habiles dans cette espèce d'art gymnastique. Pour en donner une idée, je ne puis mieux faire que de rapporter ce qu'un homme respectable, que j'ai déjà eu occasion de citer, m'a écrit de Londres le 18 février 1748. M. Thornhill, maître de poste à Stilton, fit gageure de courir à cheval trois fois de suite le chemin de Stilton à Londres, c'est-à-dire de faire deux cent quinze milles d'Angleterre (environ soixante-douze lieues de France) en quinze heures. Le 29 avril 1745, il se mit en course, partit de Stilton, fit la première course jusqu'à Londres en trois heures cinquante-une minutes, et monta huit différents che-

vaux dans cette course; il repartit sur-le-
champ, et fit la seconde course de Londres
à Stilton en trois heures cinquante-deux
minutes, et ne monta que six chevaux, il
se servit pour la troisième course des
mêmes chevaux qui lui avaient déjà servi :
dans les quatorze il en monta sept, et il
acheva cette dernière course en trois heures quarante-neuf minutes; en sorte que
non seulement il remplit la gageure qui
était de faire ce chemin en quinze heures,
mais il le fit en onze heures trente-deux
minutes. Je doute que dans les jeux olym-
piques il se soit jamais fait une course si
rapide que cette course de M. Thornhill.

Les chevaux d'Italie étaient autrefois
plus beaux qu'ils ne le sont aujourd'hui,
parce que depuis un certain temps on y a
négligé les haras; cependant il se trouve
encore de beaux chevaux napolitains, sur-

tout pour les attelages ; mais en général
ils ont la tête grosse et l'encolure épaisse ;
ils sont indociles, et par conséquent difficiles à dresser. Ces défauts sont compensés
par la richesse de leur taille, par leur
fierté, et par la beauté de leur mouvements.
Ils sont excellents pour l'appareil, et ont
beaucoup de dispositions à piaffer.

Les chevaux danois sont de si belle taille
et si étoffés, qu'on les préfère à tous les
autres pour en faire des attelages. Il y en
a de parfaitement bien moulés, mais en
petit nombre ; car le plus souvent ces chevaux n'ont pas une conformation fort régu-
lière. La plupart ont l'encolure épaisse, les
épaules grosses, les reins un peu longs et
bas, la croupe trop étroite pour l'épaisseur
du devant ; mais ils ont toujours de beaux
mouvements, et en général ils sont très
bons pour la guerre et pour l'appareil. Ils

sont de tous poils ; et même les poils sin-
guliers, comme pie et tigre, ne se trouvent
guère que dans les chevaux danois.

Il y a en Allemagne de fort beaux chevaux, mais en général ils sont pesants et
ont peu d'haleine, quoiqu'ils viennent,
pour la plupart, des chevaux turcs et barbes, dont on entretient les haras, aussi
bien que de chevaux d'Espagne et d'Italie.
Ils sont donc peu propres à la chasse et à
la course de vitesse, au lieu que les chevaux hongrois, transsylvains, etc., sont
au contraire légers et bons coureurs. Les
housards et les Hongrois leurs fendent les
naseaux, dans la vue, dit-on, de leur
donner plus d'haleine, et pour les empêcher
de hennir à la guerre. On prétend que les
chevaux auxquels on a fendu les naseaux
ne peuvent plus hennir. Je n'ai pas été a
portée de vérifier ce fait; mais il me sem-

ble qu'ils doivent seulement hennir plus faiblement. On a remarqué que les chevaux hongrois, croates et polonais, sont fort sujets à être bégus.

Les chevaux de Hollande sont fort bons pour le carrosse, et ce sont ceux dont on se sert le plus communément en France. Les meilleurs viennent de la province de Frise; il y en a aussi de fort bons dans les pays de Bergues et de Juliers. Les chevaux flamands sont fort au dessous des chevaux de Hollande : ils ont presque tous la tête grosse, les pieds plats, les jambes sujettes aux eaux : et ces deux derniers défauts sont essentiels dans les chevaux de car-rosse.

Il y a en France des chevaux de toute espèce, mais les beaux sont en petit nom-bre. Les meilleurs chevaux de selle vien-nent du Limousin : ils ressemblent assez

aux barbes, et sont comme eux excellents
pour la chasse, mais ils sont tardifs dans
leur accroissement; il faut les ménager
dans leur jeunesse, et même ne s'en servir
qu'à l'âge de huit ans. Il y a aussi de très
bons bidets en Auvergne, en Poitou, dans
le Morvan, en Bourgogne; mais après le
Limousin, c'est la Normandie qui fournit
les plus beaux chevaux : ils ne sont pas si
bons pour la chasse, mais ils sont meilleurs
pour la guerre; ils sont plus étoffés et plus
tôt formés. On tire de la basse Normandie
et du Cotentin de très beaux chevaux de
carosse, qui ont plus de légèreté et de ressource que les chevaux de Hollande. La
Franche-Comté et le Boulonnois fournis-
sent de très bons chevaux de tirage. En
général, les chevaux français pèchent pour
avoir de trop grosses épaules, au lieu que
les barbes pèchent pour les avoir trop serrées.

Après l'énumération de ces chevaux qui nous sont les mieux connus, nous rapporterons ce que les voyageurs disent des chevaux étrangers que nous connaissons peu. Il y a de fort bons chevaux dans toutes les îles de l'Archipel. Ceux de l'île de Crète étaient de grande réputation chez les anciens pour l'agilité et la vitesse ; cependant aujourd'hui on s'en sert peu dans le pays même, à cause de la grande aspérité du terrain, qui est partout fort inégai et fort montueux. Les beaux chevaux de ces îles, et même ceux de Barbarie, sont de race arabe. Les chevaux naturels du royanme de Maroc sont beaucoup plus petits que les arabes, mais très légers et très vigoureux. M. Shaw prétend que les haras d'Egypte et de Tingitanie l'emportent aujourd'hui sur tous ceux des pays voisins ; au lieu qu'on trouvait, il y a environ un siècle,

5

d'aussi bons chevaux dans tout le reste de
la Barbarie. L'excellence de ces chevaux
barbes consiste, dit-il, à ne s'abattre jamais, et à se tenir tranquilles lorsque le
cavalier descend, ou laisse tomber la bride.
Ils ont un grand pas et un galop rapide ; mais
on ne les laisse point trotter, ni marcher
l'amble ; les habitants du pays regardent
ces allures comme des mouvements grossiers et ignobles. Il ajoute que les chevaux
d'Egypte sont supérieurs à tous les autres
pour la taille et pour la beauté. Mais ces
chevaux d'Egypte, aussi bien que la plupart des chevaux de Barbarie, viennent
des arabes, qui sont, sans contredit, les
premiers et les plus beaux chevaux du
monde.

Selon Marmol, ou plutôt selon Léon
l'Africain, car Marmol l'a ici copié presque
mot à mot, les chevaux arabes viennent

des chevaux sauvages des déserts d'Arabie, dont on a fait très anciennement des haras, qui les ont tant multipliés, que toute l'Asie et l'Afrique en sont pleines. Ils sont si légers, que quelques-uns d'entre eux devancent les autruches à la course. Les Arabes du désert et les peuples de Lybie élèvent une grande quantité de ces chevaux pour la chasse; ils ne s'en servent ni pour voyager ni pour combattre : ils les font paître lorsqu'il y a de l'herbe; et lorsque l'herbe manque, ils ne les nourrissent que de dattes et de lait de chameau; ce qui les rend nerveux, légers et maigres. ils tendent des pièges aux chevaux sauvages; ils en mangent la chair, et disent que celle des jeunes est fort délicate. Ces chevaux sauvages sont plus petits que les autres; ils sont communément de couleur cendrée, quoiqu'il y en ait aussi de blancs,

5.

et ils ont le crin et le poil de la queue fort
court et hérissé. D'autres voyageurs nous
ont donné sur les chevaux arabes des re-
lations curieuses, dont nous ne rapporterons ici que les principaux faits.

Il n'y a point d'Arabe, quelque misérable
qu'il soit, qui n'ait pas de chevaux. Ils
montent ordinairement les juments, l'expérience leur ayant appris qu'elles résis-
tent mieux que les chevaux à la fatigue,
à la faim, et à la soif; elles sont aussi
moins vicieuses, plus douces, et hennissent moins fréquemment que les chevaux :
ils les accoutument si bien à être ensemble,
qu'elles demeurent en grand nombre, quelquefois des jours entiers, abandonnées à
elles-mêmes, sans se frapper les unes les
autres, et sans se faire aucun mal. Les
Turcs, au contraire, n'aiment point les
juments; et les Arabes leur vendent les

chevaux qu'ils ne veulent pas garder pour
étalons. Ils conservent avec grand soin, et
depuis très longtemps, les races de leurs
chevaux ; ils en connaissent les générations, les alliances, et toute la généalogie.
Ils distinguent les races par des noms
différents, et ils font trois classes : la première est celle des chevaux nobles, de race
pure et ancienne des deux côtés ; la seconde est celle des chevaux de race ancienne,
mais qui se sont mésalliés ; et la troisième
est celle des chevaux communs : ceux-ci
se vendent à bas prix ; mais ceux de la
première classe, et même ceux de la seconde, parmi lesquels il s'en trouve d'aussi
bons que ceux de la première, sont excessivement chers. Ils ne font jamais couvrir
les juments de cette première classe noble
que par des étalons de la même qualité. Ils
connaissent, par une longue expérience,

toutes les races de leurs chevaux et de ceux
de leurs voisins ; ils en connaissent en par-
ticulier le nom, le surnom, le poil, les marques, etc. Quand ils n'ont pas des étalons
nobles, ils en empruntent chez leurs voisins, moyennant quelque argent, pour
faire couvrir leurs juments ; ce qui se fait
en présence de témoins, qui en donnent
une attestation signée et scellée par devant le secrétaire de l'émir, ou quelque
autre personne publique ; et dans cette
attestation le nom du cheval et de la jument est cité, et toute leur génération
exposée. Lorsque la jument a pouliné, on
appelle encore des témoins, et l'on fait une
autre attestation, dans laquelle on fait la
description du poulain qui vient de naître,
et on marque le jour de sa naissance. Ces
billets donnent du prix aux chevaux, et
on les remet à ceux qui les achètent. Les

moindres juments de cette première classe
sont de cinq cents écus, et il y en a beaucoup qui se vendent mille écus, et même
quatre, cinq et six mille livres. Comme les
Arabes n'ont qu'une tente pour maison,
cette tente leur sert aussi d'écurie : la jument, le poulain, le mari, la femme et les
enfants couchent pêle-mêle, les uns avec
les autres; on y voit les petits enfants sur
les corps, sur le cou de la jument et du
poulain, sans que ces animaux ne les bles-
sent ni les incommodent; on dirait qu'ils
n'osent se remuer, de peur de leur faire du
mal. Ces juments sont si accoutumées à
vivre dans cette familiarité, qu'elles souf-
frent toute sorte de badinages. Les Arabes
ne les battent point; ils les traitent dou-
cement, ils parlent et raisonnent avec
elles; ils en prennent un très grand soin;
ils les laissent toujours aller au pas, et ne

les piquent jamais sans nécessité : mais aussi dès qu'elles se sentent chatouiller le . flanc avec le coin de l'étrier, elles partent subitement, et vont d'une vitesse incroyable ; elles sautent les haies et les fossés aussi légèrement que les biches ; et si leur cavalier vient à tomber, elles sont si bien dressées, qu'elles s'arrêtent tout court, même dans le galop le plus rapide. Tous les chevaux des Arabes sont d'une taille médiocre, fort dégagés, et plutôt maigres que gras. Ils les pansent soir et matin fort régulièrement, et avec tant de soin, qu'ils ne leur laissent pas la moindre crasse sur la peau ; ils leur lavent les jambes, le crin, et la queue, qu'ils laissent toute longue, et qu'ils peignent rarement, pour ne pas rompre le poil. Ils ne leur donnent rien à manger de tout le jour, ils leur donnent seulement à boire deux ou trois fois ; et

au coucher du soleil ils leur passent un sac
à la tête, dans lequel il y environ un demi-
boisseau d'orge bien nette. Ces chevaux ne
mangent donc que pendant la nuit, et on
ne leur ôte le sac que le lendemain matin,
lorsqu'ils ont mangé. On les met au vert
au mois de mars, quand l'herbe est assez
grande : c'est dans cette même saison que
l'on fait couvrir les juments, et on a grand
soin de leur jeter de l'eau froide sur la
croupe immédiatement après qu'elles ont
été couvertes. Lorsque la saison du printemps est passée, on retire les chevaux du
paturage, et on ne leur donne ni herbe ni
foin de tout le reste de l'année, ni même de
paille que très rarement; l'orge est leur
unique nourriture. On ne manque pas de
couper les crins aux poulains dès qu'ils
ont un an ou dix-huit mois, afin qu'ils
deviennent plus touffus et plus longs. On

5..

les monte dès l'âge de deux ans ou deux ans et demi tout au plus tard; ou ne leur met la selle et la bride qu'à cet âge; et tous les jours, du matin jusqu'au soir, tous les chevaux des Arabes demeurent sellés et bridés à la porte de la tente.

La race de ces chevaux s'est étendue en Barbarie, chez les Maures, et même chez les nègres de la Rivière de Gambie et du Sénégal. Les seigneurs du pays en ont quelques-uns qui sont d'une grande beauté. Au lieu d'orge ou d'avoine, on leur donne du maïs concassé ou réduit en farine, qu'on mêle avec du lait lorsqu'on veut les engraisser; et dans ce climat si chaud on ne les laisse boire que rarement. D'un autre côté, les chevaux arabes ont peuplé l'Egypte, la Turquie, et peut-être la Perse, où il y avait autrefois des haras considérables. Marc-Paul cite un haras

de dix mille juments blanches, et il dit
quedans la province de Balascie il y avait
une grande quantité de chevaux grands
et légers, avec la corne du pied si dure,
qu'il était inutile de les ferrer.

Tous les chevaux du Levant ont, comme
ceux de Perse et d'Arabie, la corne fort
dure : on les ferre cependant, mais avec
des fers minces, légers, etqu'on peutclouer
partout. En Turquie, en Perse et en Arabie, on a aussi les mêmes usages pour les
soigner, les nourrir et leur faire de la
litière de leur fumier, qu'on fait auparavant sécher au soleil pour ôter l'odeur, et
ensuite on le réduit en poudre, et on en
fait une couche, dans l'écurie ou dans la
tente, d'environ quatre ou cinq pouces
d'épaisseur : cette litière dure fort longtemps ; car quand elle est infectée de nouveau, on la relève pour la faire sécher au

soleil une seconde fois, et cela lui fait
perdre entièrement sa mauvaise odeur.

Il y a en Turquie des chevaux arabes,
des chevaux tartares, des chevaux hongrois, et des chevaux de race du pays.
Ceux-ci sont beaux et très fins; ils ont
beaucoup de feu, de vitesse, et même d'a-
grément; mais ils sont trop délicats; ils
ne peuvent supporter la fatigue, ils mangent peu, ils s'échauffent aisément, et ont
la peau si sensible, qu'ils ne peuvent supporter le frottement de l'étrille : on se con-
tente de les frotter avec l'époussette et de
les laver. Ces chevaux, quoique beaux,
sont, comme l'on voit, fort au dessous des
arabes; ils sont même au dessous des chevaux de Perse, qui sont, après les arabes,
les plus beaux et les meilleurs chevaux de
l'Orient. Les pâturages des plaines de
Médie, de Persépolis, d'Ardebil, de Dor-

bent, sont admirables, et on y élève, par
les ordres du gouvernement, une prodigieuse quantité de chevaux, dont la plupart sont très beaux , et presque tous
excellents. Pietro della Valle préfère les
chevaux communs de Perse aux chevaux
d'Italie, et même, dit-il, aux plus excellents chevaux du royaume de Naples·
Communément ils sont de taille médiocre :
il y en a même de fort petits, qui n'en
sont pas moins bons ni moins forts : mais
il s'en trouve aussi beaucoup de bonne
taille, et plus grands que les chevaux de
selle anglais. Ils ont tous la tête légère,
l'encolure fine, le poitrail étroit, les oreilles bien faites et bien placées, les jambes
menues, la croupe belle et la corne dure ;
ils sont dociles, vifs, légers, hardis, courageux et capables de supporter une
grande fatigue ; ils courent d'une très

grande vitesse, sans jamais s'abattre ni
s'affaisser : ils sont robustes et très aisés à
nourrir ; on ne leur donne que de l'orge
avec de la paille hachée menu, dans un
sac qu'on leur passe à la tête, et on ne les
met au vert que pendant six semaines au
printemps. On leur laisse la queue longue ; on ne sait ce que sait que de les faire
hongre ; on leur donne des couvertures
pour les défendre des injures de l'air ; on
les soigne avec une attention particulière ;
on les conduit avec un simple bridon et
sans éperon, et on en transporte une très
grande quantité en Turquie, et surtout
aux Indes. Les voyageurs, qui font tous
l'éloge des chevaux de Perse, s'accordent
cependant à dire que les chevaux arabes
sont encore supérieurs pour l'agilité, le
courage et la force, et même la beauté, et
qu'ils sont beaucoup plus recherchés en

Perse même que les plus beaux chevaux
du pays.

Les chevaux qui naissent aux Indes ne
sont pas bons; ceux dont se servent les
grands du pays y sont transportés de
Perse et d'Arabie. On leur donne un peu
de foin le jour, et le soir on leur fait cuire
des pois avec du sucre et du beurre, au
lieu d'avoine ou d'orge. Cette nourriture
les soutient et leur donne un peu de force ;
sans cela ils dépériraient en très peu de
temps, le climat leur étant contraire. Les
chevaux naturels du pays sont en général
fort petits ; il y en a même de si petits,
que Tavernier rapporte que le jeune
prince de Mogol, âgé de sept ou huit ans,
montait ordinairement un petit cheval
très bien fait, dont la taille n'excédait pas
celle d'un grand lévrier. Il semble que
les climats excessivement chauds soient

contraires aux chevaux : ceux de la côte d'Or, de celle de Juda, de Guinée, etc., sont comme ceux des Indes, fort mauvais ; ils portent la tête et le cou fort bas ; leur marche est si chancelante, qu'on les croit toujours prêts à tomber ; ils ne se remueraient pas si on ne les frappait continuellement, et la plupart sont si bas, que les pieds de ceux qui les montent touchent presque à terre. Ils sont de plus fort indociles, et propres seulement à servir de nourriture aux nègres, qui en aiment la chair autant que celles des chiens. Ce goût pour la chair du cheval est donc commun aux nègres et aux Arabes ; il se retrouve en Tartarie, et même à la Chine. Les chevaux chinois ne valent pas mieux que ceux des Indes : ils sont faibles, lâches, mal faits et forts petits ; ceux de la Corée n'ont que trois pieds de hauteur.

A la Chine, presque tous les chevaux sont
hongres, et ils sont si timides, qu'on ne
peut s'en servir à la guerre : aussi peut-on
dire que se sont les chevaux tartares qui
ont fait la conquête de la Chine. Ces chevaux sont très propres pour la guerre,
quoique communément ils ne soient que
de taille médiocre : ils sont forts, vigoureux, fiers, ardents, légers, et grands coureurs. Ils ont la corne du pied fort dure,
mais trop étroite ; la tête fort légère, mais
trop petite ; l'encolure longue et roide: les
jambes trop hautes. avec tous ces défauts
ils peuvent passer pour de très bons chevaux; ils sont infatigables, et courent
d'une vitesse extrême. Les Tartares vivent
avec leurs chevaux à peu près comme les
Arabes; ils les font monter dès l'âge de
sept ou huit mois par de jeunes enfants,
qui les promènent et les font courir à

petites reprises; ils les dressent ainsi peu
à peu, et leur font souffrir de grandes
diètes : mais ils ne les montent pour aller
en course que quand ils ont six ou sept
ans ; ils leur font supporter alors des fatigues incroyables, comme de marcher deux
ou trois jours sans s'arrêter, d'en passer
quatre ou cinq sans autre nourriture
qu'une poignée d'herbe de huit heures en
huit heures, et d'être en même temps
vingt-quatre heures sans boire, etc. Ces
chevaux, qui paraissent et qui en effet
sont si robustes dans leur pays, dépéris-
sent dès qu'on les transporte en Chine et
aux Indes ; mais ils réussissent assez en
Perse et en Turquie. Les petits Tartares
ont aussi une race de petits chevaux, dont
ils font tant de cas, qu'ils ne se permet-
tent jamais de les vendre à des étrangers.
Ces chevaux ont toutes les bonnes et mau-

vaises qualités de ceux de la grande Tartarie; ce qui prouve combien les mêmes mœurs et la même éducation donnent le même naturel et la même habitude à ces animaux. Il y a aussi en Circassie et en Mingrélie beaucoup de chevaux qui sont même plus beaux que les chevaux tartares. On trouve encore d'assez beaux chevaux en Ukraine, en Valachie, en Pologne, en Suède; mais nous n'avons pas d'observations particulières de leur qualités et de leurs défauts.

Maintenant, si l'on consulte les anciens sur la nature et les qualités des chevaux des différents pays, on trouvera que les chevaux de la Grèce, et surtout ceux de la Thessalie et de l'Epire, avaient de la réputation, et étaient très bons pour la guerre; que ceux de l'Achaïe étaient les plus ~~~~de que l'on connût; que les plus beaux

de tous étaient 〜〜 Egypte, où il y en
avait une très grande quantité, et où
Salomon envoyait en acheter à un très
grand prix; qu'en Ethiopie les chevaux
réussissaient mal, à cause de la trop
grande chaleur du climat; que l'Arabie et
l'Afrique fournissaient les chevaux les
mieux faits, et surtout les plus légers et
les plus propres à la monture et à la
course; que ceux d'Italie, et surtout de la
Pouille, étaient aussi très bons; qu'en
Sicile, Cappadoce, Syrie, Arménie, Médie
et Perse, il y avait d'excellents chevaux,
et recommandables par leur vitesse et
leur légèreté; que ceux de Sardaigne et
Corse étaient petits, mais vifs et courageux; que ceux d'Espagne ressemblaient
à ceux des Parthes, et étaient excellents
pour la guerre; qu'il y avait aussi en
Transylvanie et en Valachie des chevaux

à tête légère, à grands crins pendants jusqu'à terre, et à queue touffue, qui étaient très prompts à la course ; que les chevaux danois étaient bien faits et bons sauteurs ; que ceux de Scandinavie étaient petits, mais bien moulés et fort agiles ; que les Gaulois fournissaient aux Romains de bons chevaux pour la monture et porter les fardeaux ; que les chevaux des Germains étaient mal faits, et si mauvais qu'ils ne s'en servaient pas ; que les Suisses en avaient beaucoup, et de très bons pour la guerre ; que les chevaux de Hongrie étaient aussi fort bons ; et enfin que les chevaux des Indes étaient fort petits et très faibles.

Il résulte de tous ces faits que les chevaux arabes ont été de tout temps et sont encore les premiers chevaux du monde, tant pour la beauté que pour la bonté;

que c'est d'eux que l'on tire, soit immédiatement, soit médiatement par le
moyen des barbes, les plus beaux chevaux
qui soient en Europe, en Afrique et en
Asie ; que le climat de l'Arabie est peut-
être le climat des chevaux, et le meilleur
de tous les climats, puisqu'au lieu d'y
croiser les races par des races étrangères,
on a grand soin de les conserver dans
toute leur pureté ; que si le climat n'est
pas par lui-même le meilleur climat pour
les chevaux, les Arabes l'ont rendu tel par
les soins particuliers qu'ils ont pris dans
tous les temps d'ennoblir les races, en ne
mettant ensemble que les individus les
mieux faits et de la première qualité ; que
par cette attention, suivie pendant des
siècles, ils ont pu perfectionner l'espèce
au delà de ce que la nature aurait fait
dans le meilleur climat. On peut en con-

cluré que les climats plus chauds que
froids, et surtout les pays secs, sont ceux
qui conviennent le mieux à la nature de
ces animaux; qu'en général les petits
chevaux sont meilleurs que les grands;
que le soin est aussi nécessaire à tous que
la nourriture; qu'avec de la familiarité et
des caresses on en tire beaucoup plus que
par la force et les châtiments; que les
chevaux des pays chauds ont les os, la
corne, les muscles plus durs que ceux de
nos climats; que, quoique la chaleur
convienne mieux que le froid à ces animaux, cependant le chaud excessif ne
leur convient pas; que le grand froid leur
est contraire; qu'enfin leur habitude et
leur naturel dépendent presque en entier
du climat, de la nourriture, des soins et
de l'éducation.

. En Perse et en Arabie, et en plusieurs

autres lieux de l'Orient, on n'est pas dans
l'usage de hongrer les chevaux, comme
on le fait si généralement en Europe et à
la Chine. Cette opération leur ôte beaucoup de force, de courage, de fierté, etc.,
mais leur donne de la douceur, de la tran-
quillité et de la docilité.

Les chevaux, de quelque poil qu'ils
soient, muent comme presque tous les
animaux couverts de poils, et cette mue
se fait une fois l'an, ordinairement au
printemps, et quelquefois en automne. Ils
sont alors plus faibles que dans les
autres temps, il faut les ménager, les soigner davantage, et les nourrir un peu
plus largement. Il y a aussi des chevaux
qui muent de corne; cela arrive à ceux
qui ont été élevés dans des pays humides
et marécageux, comme en Hollande.

Les chevaux hongres et juments hennis-

sent moins fréquemment que les chevaux
entiers ; ils ont aussi la voix moins pleine
et moins grave. On peut distinguer dans
tout cinq sortes de hennissement différents,
relatifs à différentes passions : le hennissement d'allégresse, dans lequel la voix
se fait entendre assez longuement, monte
et finit à des sons plus aigus ; le cheval
rue en même temps, mais légèrement, et
ne cherche point à frapper : le hennissement d'attachement, dans lequel le cheval ne rue point, et la voix se fait entendre longuement, et finit par des sons plus
graves : le hennissement de la colère, pendant lequel le cheval rue et frappe dan-
gereusement, est très court et aigu : celui
de la crainte, pendant lequel il rue aussi
n'est guère plus long que celui de la colère ;
la voix est grave, rauque, et semble sortir
en entier des naseaux ; ce hennissement

6

est assez semblable au rugissement d'un
lion : celui de la douleur est moins un hennissement qu'un gémissement ou ronfle-
ment d'oppression qui se fait à voix grave
et suit les alternatives de la respiration.
Au reste, on a remarqué que les chevaux
qui hennissent le plus souvent, et surtout
d'allégresse et de désir, sont les meilleurs
et les plus généreux. Les chevaux entiers
ont aussi la voix plus forte que les hongres et les juments. Dès la naissance, le
mâle a la voix plus forte que la femelle :
à deux ans ou deux ans et demi, c'est-à-
dire à l'âge de puberté, la voix des mâles
et des femelles devient plus forte et plus
grave, comme dans l'homme et dans la
plupart des autres animaux. Lorsque le
cheval est passionné de désir, d'appétit, il
montre les dents, et semble rire ; il les
montre aussi dans la colère et lorsqu'il

veut mordre ; il tire quelquefois la langue pour lécher, mais moins fréquemment que le bœuf, qui lèche beaucoup plus que le cheval, et qui cependant est moins sensible aux caresses. Le cheval se souvient aussi beaucoup plus longtemps des mauvais traitements, il se rebute aussi plus aisément que le bœuf. Son naturel ardent et courageux lui fait donner d'abord tout ce qu'il possède de force ; et lorsqu'il sent qu'on exige encore davantage, il s'indigne et refuse ; au lieu que le bœuf, qui, de sa nature, est lent et paresseux, s'excède et se rebute moins aisément.

Le cheval dort beaucoup moins que l'homme : lorsqu'il se porte bien, il ne demeure guère que deux ou trois heures de suite couché ; il se relève ensuite pour manger ; et lorsqu'il a été trop fatigué, il se couche une seconde fois après avoir

mangé ; mais en tout il ne dort guère que
trois ou quatre heures en vingt-quatre, il
y a même des chevaux qui ne se couchent
jamais, et qui dorment toujours debout ;
ceux qui se couchent dorment aussi quelquefois sur leurs pieds. On a remarqué
que les hongres dorment plus souvent et
plus longtemps que les chevaux entiers.

Les quadrupèdes ne boivent pas tous
de la même manière, quoique tous soient
également obligés d'aller chercher avec
la tête la liqueur, qu'ils ne peuvent saisir
autrement, à l'exception du singe, du
maki, et de quelques autres qui ont des
mains , et qui par conséquent peuvent
boire comme l'homme , lorsqu'on leur
donne un vase qu'ils peuvent tenir; car
ils le portent à leur bouche, l'inclinent,
versent la liqueur, et l'avalent par le simple mouvement de la déglutition. L'homme

boit ordinairement de cette manière, parce
que c'est en effet la plus commodè ; mais il
peut encore boire de plusieurs autres
façons, en approchant les lèvres et les con-
tractant pour aspirer la liqueur, ou bien
en y enfonçant le nez et la bouche assez
profondément pour que la langue en soit
environnée, et n'ait d'autre mouvement à
faire que celui qui est nécessaire pour la
déglutition ; ou encore en mordant pour
ainsi dire, la liqueur avec les lèvres ; ou
enfin, quoique plus difficilement, en tirant
la langue, l'élargissant, et formant une
espèce de petit godet qui rapporte un peu
d'eau dans la bouche. La plupart des
quadrupèdes pourraient aussi chacun
boire de plusieurs manières : mais ils font
comme nous, il choisissent celle qui leur
est la plus commode, et la suivent cons-
tamment. Le chien dont la gueule est

6.

fort ouverte, et la langue longue et mince,
boit en lapant, c'est-à-dire en léchant la
liqueur, et formant avec la langue un
godet qui se remplit à chaque fois, et rapporte une assez grande quantité de
liqueur ; il préfère cette façon à celle de se
mouiller le nez. Le cheval, au contraire,
qui à la bouche plus petite, et la langue
trop épaisse et trop courte pour former un
godet, et qui d'ailleurs boit encore plus
avidement qu'il ne mange, enfonce la
bouche et le nez brusquement et profondément dans l'eau, qu'il avale abondamment par le simple mouvement de la
déglutition : mais cela même le force à
boire tout d'une haleine, au lieu que le
chien respire à son aise pendant qu'il boit.
Aussi doit-on laisser aux chevaux la
liberté de boire à plusieurs reprises, surtout après une course, lorsque le mouve-

ment de la respiration est court et pressé.
On ne doit pas non plus leur laisser boire
de l'eau trop froide, parce que, indépen-
damment des coliques que l'eau froide
cause souvent, il leur arrive aussi, par
la nécessité d'y tremper les naseaux, qu'ils
se refroidissent le nez, s'enrhument, et
prennent peut-être les germes de cette
maladie à laquelle on a donné le nom de
morve, la plus formidable de toutes pour
cette espèce d'animaux ; car on sait depuis
peu que le siège de la morve est dans la
membrane pituitaire, que c'est par conséquent un vrai rhume, qui, à la longue,
cause une inflamation dans cette membrane ; et, d'un autre côté, les voyageurs
qui rapportent dans un assez grand détail
les maladies des chevaux dans les pays
chauds, comme l'Arabie, la Perse, la Barbarie, ne disent pas que la morve y soit

aussi fréquente que dans les climats froids.
Ainsi je crois être fondé à conjecturer que
l'une des causes de cette maladie est la
froideur de l'eau, parce que ces animaux
sont obligés d'y enfoncer et d'y tenir le
nez et les naseaux pendant un temps con-
sidérable ; ce que l'on préviendrait en ne
leur donnant jamais d'eau froide, et en
leur essuyant toujours les naseaux après
qu'ils ont bu. Les ânes qui craignent le
froid beaucoup plus que les chevaux, et
qui leur ressemblent si fort par la struc-
ture intérieure, ne sont pas cependant si
sujets à la morve: ce qui vient peut-être
de ce qu'ils boivent différemment des chevaux, car au lieu d'enfoncer profondément
la bouche et le nez dans l'eau, il ne font
presque que l'atteindre des lèvres.

Nous avons donné la manière dont on
traite les chevaux en Arabie, et le détail

des soins particuliers que l'on prend pour
leur éducation. Ce pays sec et chaud, qui
paraît être la première patrie et le climat
le plus convenable à l'espèce de ce bel
animal, permet ou exige un grand nombre d'usages qu'on ne pourrait établir
ailleurs avec le même succès. Il ne serait
pas possible d'élever et de nourrir les chevaux en France et dans les contrées septentrionales comme on le fait dans les climats chauds ; mais les gens qui s'intéres-
sent à ces animaux utiles seront bien aises
de savoir comment on les traite dans les
climats moins heureux que celui de l'A-
rabie, et comment ils se conduisent et
savent se gouverner eux-mêmes lorsqu'ils
se trouvent indépendants de l'homme.

Suivant les différents pays et selon les
différents usages auxquels on destine les
chevaux, on les nourrit différemment

Ceux de race arabe, dont on veut faire des
coureurs pour la chasse en Arabie et en
Barbarie, ne mangent que rarement de
l'herbe et du grain : on ne les nourrit ordinairement que de dattes et de lait de
chameau, qu'on leur donne le soir et le
matin ; ces aliments, qui les rendent plutôt maigres que gras, les rendent en
même temps très nerveux, et fort légers
à la course. Ils tètent même les femelles
des chameaux qu'ils suivent, quelques
grands qu'ils soient ; et ce n'est qu'à l'âge
de six ou sept ans qu'on commence à les
monter.

En Perse, on tient les chevaux à l'air
dans la campagne le jour et la nuit, bien
couverts néanmoins contre les injures du
temps, surtout l'hiver, non seulement
d'une couverture de toile, mais d'une
autre par dessus, qui est épaisse et tissue

de poil, et qui les tient chauds et les
défend du serein et de la pluie. On prépare
une place assez grande et spacieuse, selon
le nombre des chevaux, sur un terrain sec
et uni, qu'on balaye et qu'on accommode
fort proprement : on les y attache à côté
l'un de l'autre, à une corde assez longu
pour les contenir tous, bien étendue, et
liée fortement par les deux bouts à deux
chevilles de fer enfoncées dans la terre ;
on leur lâche néanmoins le licou auquel
ils sont liés, autant qu'il le faut pour
qu'ils aient la liberté de se remuer à leur
aise. Mais, pour les empêcher de faire
aucune violence, on leur attache les deux
pieds de derrière à une corde assez longue
qui se partage en deux branches, avec des
boucles de fer aux extrémités, où l'on place
une cheville enfoncée en terre au devant
des chevaux, sans qu'ils soient néanmoins

serrés si étroitement qu'ils ne puissent se
coucher, se lever et se tenir à leur aise,
mais seulement pour les empêcher de faire
aucun désordre; et quand on les met dans
les écuries, on les attache et on les tient
de la même façon. Cette pratique est si
ancienne chez les Persans, qu'ils l'obser-
vaient dès le temps de Cyrus, au rapport
de Xénophon. Ils prétendent, avec assez de
fondement, que ces animaux en deviennent
plus doux, plus traitables, moins hargneux
entre eux ; ce qui est utile à la guerre, où
les chevaux inquiets incommodent souvent leurs voisins lorsqu'ils sont serrés par
escadrons. Pour litière, on ne leur donne
en Perse que du sable et de la terre en
poussière bien sèche, sur laquelle ils repo-
sent et dorment aussi bien que sur la paille.
Dans d'autres pays, comme en Arabie et
au Mongol, on fait sécher leur fiente, que

l'on réduit en poudre, et dont on leur fait un lit très doux. Dans toutes ces contrées, on ne les fait jamais manger à terre, ni même à un râtelier, mais on leur met de l'orge et de la paille hachée dans un sac qu'on attache à leur tête, car il n'y a point d'avoine, et l'on ne fait guère de foin dans ce climat: on leur donne seulement de l'herbe ou de l'orge en vert au printemps, et en général on a soin de ne leur fournir que la quantité de nourriture nécessaire; car lorsqu'on les nourrit très largement, leurs jambes se gonflent, et bientôt ils ne sont plus de service. Ces chevaux, auxquels on ne met point de bride, et que l'on monte sans étriers, se laissent conduire aisément; ils portent la tête très haute au moyen d'un simple bridon, et courent très rapidement et d'un pas très sûr, dans les plus mauvais terrains. Pour

7

les faire marcher, on n'emploie point la houssine, et fort rarement l'éperon: si quelqu'un en veut, il n'a qu'une pointe cousue au talon de sa botte. Les fouets dont on se sert ordinairement ne sont faits que de petites bandes de parchemin nouées et cordelées : quelques petits coups de fouet suffisent pour les faire partir et les entretenir dans le plus grand mouvement.

Les chevaux sont en si grand nombre en Perse, que, quoiqu'ils soient très bons, ils ne sont pas fort chers. Il y en a peu de grosse et grande taille ; mais ils ont tous plus de force et de courage que de mine et de beauté. Pour voyager avec moins de fatigue, on se sert de chevaux qui vont l'amble, et qu'on a précédemment accoutumés à cette allure en leur attachant par une corde le pied de devant et celui de derrière, du même côté ; et, dans leur jeunesse, on leur fend les naseaux dans l'idée qu'ils en respirent plus aisément ; ils sont si bons marcheurs, qu'ils font très aisément sept à huit lieues de chemin sans s'arrêter.

Mais l'Arabie, la Barbarie et la Perse, ne sont pas les seules contrées où l'on trouve de beaux et de bons chevaux : dans les pays même les plus froids, s'ils ne sont point humides, ces animaux se maintiennent mieux que dans les climats très chauds. Tout le monde connaît la beauté des chevaux danois, et la bonté de ceux de Suède, de Pologne, etc. En Islande, où le froid est excessif, et où souvent on ne les nourrit que de poissons desséchés, ils sont très vigoureux, quoique petits ; il y en a même de si petits qu'ils ne peuvent servir de monture qu'à des enfants. Au reste, ils sont si communs dans cette île, que les bergers gardent leurs troupeaux à cheval. Leur nombre n'est point à charge, car ils ne coûtent rien à nourrir. On mène ceux dont on n'a pas besoin dans les montagnes, où on les laisse plus ou moins de temps après les avoir marqués ; et lorsqu'on veut les reprendre, on les fait chasser pour les rassembler en une troupe, et on leur tend des cordes pour les saisir, parce qu'ils sont devenus sauvages. Si quelques juments donnent des poulains dans ces montagnes, les propriétaires les marquent comme les autres, et les laissent là trois ans. Ces chevaux de montagne deviennent communément plus beaux, plus fiers et plus gras que tous ceux qui sont élevés dans les écuries.

Ceux de Norwége ne sont guère plus grands, mais bien proportionnés dans leur petite taille: ils sont jaunes pour la plupart, et ont une raie noire qui leur règne tout le long du dos ; quelques-uns sont châtains, et il y en a aussi d'une couleur gris de fer. Ces chevaux ont le pied extrêmement sûr ; ils marchent avec précaution dans les sentiers des montagnes escarpées, et se laissent glisser en mettant sous le ventre les pieds de derrière lorsqu'ils descendent un terrain roide et uni. Ils se défendent contre l'ours ; et lorsqu'un étalon aperçoit cet animal vorace, et qu'il se trouve avec des poulains ou des juments, il les fait rester derrière lui ; va ensuite attaquer l'ennemi, qu'il frappe avec ses pieds de devant, et ordinairement il le fait périr sous ses coups. Mais si le cheval veut se défendre par des ruades, c'est-à-dire avec les pieds de derrière, il est perdu sans ressource, car l'ours lui saute d'abord

7.

sur le dos et le serre si fortement, qu'il
vient à bout de l'étouffer et de le dévorer.

Les chevaux de Nordlande ont tout au
plus quatre pieds et demi de hauteur. A
mesure qu'on avance vers le nord, les
chevaux deviennent petits et faibles.
Ceux de la Nordlande occidentale sont
d'une forme singulière : ils ont la tête
grosse, de gros yeux, de petites oreilles,
le cou fort court, le poitrail large, le jar-
ret étroit, le corps un peu long, mais
gros : les reins courts entre queue et ventre ; la partie supérieure de la jambe longue, l'inférieure courte ; le bas de la
jambe sans poil, la corne petite et dure,
la queue grosse, les crins fournis, les
pieds petits, sûrs et jamais ferrés ; ils sont
bons, rarement rétifs et fantasques,
grimpant sur toutes les montagnes. Les
pâturages sont si bons en Nordlande, que,

lorsqu'on amène de ces chevaux à Stoc-
kholm, ils y passent rarement une année
sans dépérir ou maigrir, et perdre leur
vigueur. Au contraire, les chevaux qu'on
amène en Nordlande des pays plus sep-
tentrionaux, quoique malades dans la
première année, y reprennent leurs forces.

L'excès du chaud et du froid semble
être également contraire à la grandeur
de ces animaux. Au Japon, les chevaux
sont généralement petits; cependant il
s'en trouve d'assez bonne taille, et ce sont
probablement ceux qui viennent des pays
de montagnes, et il en est à peu près de
même à la Chine. Cependant on assure
que ceux du Tonkin sont d'une taille
belle et nerveuse, qu'ils sont bons à la
main, et de si bonne nature, qu'on peut
les dresser aisément, et les rendre propres à toutes sortes de marches.   7..

Ce qu'il y a de certain, c'est que les
chevaux qui sont originaires des pays
secs et chauds dégénèrent, et même ne
peuvent vivre dans les climats trop
humides, quelque chauds qu'ils soient;
au lieu qu'ils sont très bons dans les pays
de montagnes, depuis le climat de l'Arabie jusqu'en Danemark et en Tartarie
dans notre continent, et depuis la Nou-
velle-Espagne jusqu'aux terres Magella-
niques dans le nouveau continent : ce
n'est donc ni le chaud ni le froid, mais
l'humidité seule qui leur est contraire.

On sait que l'espèce du cheval n'existait
pas dans ce nouveau continent lorsqu'on
en a fait la découverte; et l'on peut
s'étonner avec raison de leur prompte et
prodigieuse multiplication : car en moins
de deux cents ans, le petit nombre de
chevaux qu'on y a transporté d'Europe

s'est si fort multiplié, et particulièrement
au Chili, qu'ils y sont à très bas prix.
Frézier dit que cette prodigieuse multiplication est d'autant plus étonnante que
les Indiens mangent beaucoup de chevaux, et qu'ils les ménagent si peu pour
le service et le travail, qu'il en meurt un
très grand nombre par excès de fatigue.
Les chevaux que les Européens ont transportés dans les parties les plus orientales
de notre continent, comme aux îles Phi-
lippines, y ont aussi prodigieusement
multiplié.

En Ukraine et chez les Cosaques du
Don, les chevaux vivent errants dans les
campagnes. Dans le grand espace com-
pris entre le Don et le Niéper, espace très
mal peuplé, les chevaux sont en troupes
de trois, quatre ou cinq cents, toujours
sans abri, même dans la saison où la

terre est couverte de neige : ils détournent
cette neige avec le pied de devant pour
chercher et manger l'herbe qu'elle recou-
vre. Deux ou trois hommes à cheval ont
le soin de conduire ces troupes de chevaux ou plutôt de les regarder, car on les
laisse errer dans la campagne ; et ce n'est
que dans le temps des hivers les plus
rudes qu'on cherche à les loger pour quelques jours dans les villages, qui sont fort
éloignés les uns des autres dans ce pays.
On a fait sur ces troupes de chevaux
abandonnés pour ainsi dire à eux-mêmes,
quelques observations qui semblent prou-
ver que les hommes ne sont pas seuls qui
vivent en société, et qui obéissent de con-
cert au commandement de quelqu'un
d'entre eux. Chacune de ces troupes de
chevaux a un cheval chef qui la commande, qui la guide, qui la tourne et

range quand il faut marcher ou s'arrêter :
ce chef commande aussi l'ordre et les
mouvements nécessaires lorsque la troupe
est attaquée par les voleurs ou par les
loups. Ce chef est très vigilant et
toujours alerte : il fait souvent le tour
de sa troupe ; et si quelqu'un de ses
chevaux sort du rang ou reste en arrière, il court à lui, le frappe d'un coup
d'épaule, et lui fait prendre sa place. Ces
animaux sans être montés ni conduits
par les hommes, marchent en ordre à
peu près comme notre cavalerie. Quoiqu'ils soient en pleine liberté, ils paissent
en files et par brigades, et forment différentes compagnies, sans se séparer ni
se mêler. Au reste, le cheval chef occupe
ce poste encore plus fatiguant qu'impor-
tant pendant quatre ou cinq ans ; et lorsqu'il commence à devenir moins fort et

moins actif, un autre cheval, ambitieux
de commander, et qui s'en sent la force,
sort de la troupe, attaque le vieux chef,
qui garde son commandement s'il n'est
pas vaincu, mais qui rentre avec honte
dans le gros de la troupe s'il a été battu ;
et le cheval victorieux se met à la tête de
tous les autres, et s'en fait obéir.

En Finlande, au mois de mai, lorsque
les neiges sont fondues, les chevaux partent de chez leurs maîtres, et s'en vont
dans de certains cantons des forêts, où il
semble qu'il se soient donné le rendez-
vous. Là ils forment des troupes différentes, qui ne se mêlent ni ne se séparent
jamais : chaque troupe prend un canton
différent de la forêt pour sa pâture ; ils
s'en tiennent à un certain territoire, et
n'entreprennent point celui des autres.
Quand la pâture leur manque, ils décam-

pent, et vont s'établir dans d'autres pâturages avec le même ordre. La police de leur société est si bien réglée, et leurs marches sont si uniformes, que leurs maîtres savent toujours où les trouver lorsqu'ils ont besoin d'eux; et ces animaux, après avoir fait leur service, retournent d'eux-mêmes avec leurs compagnons dans les bois. Au mois de septembre, lorsque la saison devient mauvaise, ils quittent les forêts, s'en reviennent par troupes, et se rendent chacun à leur écurie.

Ces chevaux sont petits, mais bons et vifs, sans être vicieux. Quoiqu'ils soient généralement assez dociles, il y en a cependant quelques-uns qui se défendent lorsqu'on les prend, ou qu'on veut les attacher aux voitures. Ils se portent à merveille et sont gras, quand ils reviennent de la forêt; mais l'exercice presque con-

tinuel qu'on leur fait faire l'hiver, et le
peu de nourriture qu'on leur donne, leur
font bientôt perdre cet embonpoint. Ils se
roulent sur la neige comme les autres
chevaux se roulent sur l'herbe. Ils passent indifféremment les nuits dans la cour
comme dans l'écurie, lors même qu'il fait
un froid très violent.

Ces chevaux qui vivent en troupe et
souvent éloignés de l'empire de l'homme,
font la nuance entre les chevaux domestiques et les chevaux sauvages. Il s'en
trouve de ces derniers à l'île de Sainte-
Hélène, qui, après y avoir été transportés,
sont devenus si sauvages et si farouches,
qu'ils se jetteraient du haut des rochers
dans la mer, plutôt que de se laisser prendre. Aux environs de Nippes, il s'en trouve
qui ne sont pas plus grands que des ânes,
mais plus ronds, plus ramassés, et bien

proportionnés : ils sont vifs et infatigables, d'une force et d'une ressource fort
au dessus de ce qu'on en devrait attendre.
A Saint-Domingue, on n'en voit point de
la grandeur des chevaux de carrosse, mais
ils sont d'une taille moyenne et bien prise.
On en prend quantité avec des pièges et
des nœuds coulants. La plupart de ces
chevaux ainsi pris sont ombrageux. On
en trouve aussi dans la Virginie, qui,
quoique sortis de cavales privées, sont
devenus si farouches dans les bois, qu'il
est difficile de les aborder, et ils appar-
tiennent à celui qui peut les prendre : ils
sont ordinairement si revêches, qu'il est
très difficile de les dompter. Dans la Tartarie, surtout dans le pays entre Urgenez
et la mer Caspienne, on se sert, pour
chasser les chevaux sauvages, qui y sont
communs, d'oiseaux de proie dressés pour

cette chasse : on les accoutume à prendre l'animal par la tête et par le cou, tandis qu'il se fatigue sans pouvoir faire lâcher prise à l'oiseau. Les chevaux sauvages du pays des Tartares Mongoux et Kakas ne sont pas différents de ceux qui sont privés : on les trouve en plus grand nombre du côté de l'ouest, quoiqu'il en paraisse aussi quelquefois dans le pays des Kakas, qui borde le Harni. Ces chevaux sauvages sont si légers, qu'ils se dérobent aux flèches même des plus habiles chasseurs. Ils marchent en troupes nombreuses, et, lorsqu'ils rencontrent des chevaux privés, ils les environnent, et les forcent à prendre la fuite. On trouve encore au Congo des chevaux sauvages en assez bon nombre. On en voit quelquefois aussi aux environs du Cap de Bonne-Espérance ;

mais on ne les prend pas, parce qu'on préfère les chevaux qu'on y amène de Perse.

Limoges. — Imp. Marc BARBOU et Cⁿ.

www.ingramcontent.com/pod-product-compliance
Lightning Source LLC
Chambersburg PA
CBHW071157200326
41519CB00018B/5263